VERTUS MORALES
DES DEUX ÉLÉPHANS

MÂLE ET FEMELLE,

Nouvellement arrivés à la Ménagerie
Nationale du Jardin des Plantes,

PRÉCÉDÉEES

*D'un traité sur le genre de ces animaux
précieux et singulier en tout point, tiré
du célèbre* BUFFON, *et des meilleurs
auteurs qui ont écrit sur l'Histoire
Naturelle.*

Rédigé par le Citoyen V***(*Vignier*)

A PARIS,

Chez GUEFFIER jeune, Imprimeur-Libraire,
rue Gît-le-Cœur, n°. 16.

An VII de la République.

VERTUS MORALES

DES DEUX ÉLÉPHANS

MALE ET FEMELLE,

Nouvellement arrivés à la Ménagerie
du Jardin des Plantes.

L'ÉLÉPHANT est, si nous voulons ne
nous pas compter, l'être le plus considérable
de ce monde; il surpasse tous les animaux
terrestres en grandeur, et il approche de
l'Homme par l'intelligence, autant au moins
que la matière peut approcher de l'esprit.
L'Éléphant, le Chien, le Castor et le Singe,
sont de tous les êtres animés, ceux dont
l'instinct est le plus admirable : mais cet
instinct qui n'est que le produit de toutes
les facultés tant intérieures qu'extérieures
de l'animal, se manifeste par des résultats
bien différents dans chacune de ces espèces.
Le Chien est naturellement, lorsqu'il est
livré à lui seul, aussi cruel, aussi sanguinaire que le Loup, seulement il s'est trouvé

dans cette nature féroce un point flexible
sur lequel nous avons appuyé : le naturel
du Chien ne diffère donc de celui des autres
animaux de proie , que par ce point sensible qui le rend susceptible d'affection et
capable d'attachement ; c'est de la nature
qu'il tient le germe de ce sentiment , que
l'Homme ensuite a cultivé , nourri , déve-
loppé par une ancienne et constante société
avec cet animal , qui seul en étoit digne ;
qui plus sensible , plus capable qu'un autre
des impressions étrangères , a perfectionné
dans le commerce toutes ses facultés rela-
tives , sa sensibilité , sa docilité , son courage,
ses talens , tout , jusqu'à ses manières , s'est
modifié par l'exemple , et modelé sur les
qualités de son maître ; l'on ne doit donc
pas lui accorder en propre tout ce qu'il
paroît avoir : ses qualités les plus relevées,
les plus frappantes , sont empruntées de nous.
Il a plus d'acquit que les autres animaux
parce qu'il est plus a portée d'acquérir ;
que loin d'avoir comme eux de la répu-
gnance pour l'Homme , il a pour lui du penchant ; que ce sentiment doux, qui n'est jamais
muet , s'est annoncé par l'envie de plaire ,
et a produit la docilité , la fidélité , la sou-

mission constante, et en même-temps le degré d'attention nécessaire pour agir en conséquence et toujours obéir à propos.

Le Singe, au contraire, est indocile autant qu'extravagant, sa nature est en tout point également revêche : nulle sensibilité relative, nulle connoissance des bons traitemens, nulle mémoire des bienfaits, de l'éloignement pour la société de l'homme, de l'horreur pour la contrainte, du penchant à tout espèce de mal, ou pour mieux dire une forte propension à faire tout ce qui peut nuire ou déplaire; mais ces défauts réels sont compensés par des perfections apparentes, il est extérieurement conformé comme l'Homme, il a des bras, des mains, des doigts; l'usage seul de ces parties le rend supérieur pour l'adresse aux autres animaux; et les rapports qu'elles lui donnent avec nous, par la conformité des actions, nous plaisent et nous font attribuer à des qualités intérieures ce qui ne dépend que de la forme des membres.

Le Castor, qui paroît être fort au dessous du Chien et du Singe par les facultés individuelles, a cependant reçu de la nature un don presque équivalent à celui de la parole;

il se fait entendre à ceux de son espèce, et si bien entendre qu'ils reviennent en société, qu'ils agissent de concert, qu'ils entreprennent et exécutent de grands et longs travaux en commun, et cet amour social, aussi bien que le produit de leur intelligence réciproque, ont plus de droit à notre admiration que l'adresse du Singe et la fidélité du Chien.

Le Chien n'a donc que de l'esprit (qu'on me permette, faute de termes, de profäner ce nom) le Chien, dis - je, n'a que de l'esprit d'emprunt; le Singe n'en a que l'apparence, et le Castor n'a du sens que pour lui est les siens.

L'Éléphant leur est supérieur à tous trois, il réunit leurs qualités les plus éminentes. La main est le principal organe de l'adresse du Singe, l'Éléphant au moyen de sa trompe qui lui sert de bras et de mains, et avec laquelle il peut enlever les plus petites choses comme les plus grandes, les porter à sa bouche, les poser sur son dos, les tenir embrassées, ou les lancer au loin, a donc le même moyen d'adresse que le Singe; et en même tems il a la docilité du Chien, il est comme lui susceptible de reconnoissance

et capable d'un fort attachement, il s'ac-
coutume aisément à l'homme, se soumet
moins par la force que par les bons traitemens, il sert avec zèle, avec fidélité, avec
intelligence; enfin l'Éléphant, comme le
Castor, aime la société de ses semblables, il
s'en fait entendre ; on les voit souvent se
rassembler, se disperser, agir décement, et
s'ils ne disent rien, s'ils ne travaillent point
en commun, ce n'est peut-être que faute
d'assez d'espace et de tranquillité, car les
Hommes se sont très-anciennement multi-
pliésdans toutes les terres qu'habite l'Éléphant,
il vit donc dans l'inquiétude, et n'es tuulle
part paisible possesseur d'un espace assez
grand, assez libre pour s'y établir à demeure.
Nous avons vu qu'il faut toutes ces conditions
et tous ces avantages, pour que les talens
du Castor se manifestent, et que par-tout
où les Hommes se sont habitués, il perd
son industrie et cesse d'édifier. Chaque Etre
dans la nature à son prix réel et rarement
relative. Si l'on veut juger au juste de l'un
et de l'autre dans l'Éléphant, il faut lui
accorder néanmoins l'intelligence du Castor,
l'adresse du Singe, le sentiment du Chien,
et y ajouter ensuite les avantages particu-

A 4

liers , uniques de la force, de la grandeur
et de la longue durée de sa vie ; il ne faut
pas oublier ses armes ou ses défenses, avec
lesquelles il peut percer et vaincre le Lion,
il faut se représenter que sous ces pas il
ébranle la terre, et de sa main il arrache
les arbres, puis d'un coup de son corps
il fait brèche dans un mur , que terrible
par la force, il est encore invincible par la
grande résistance de sa masse , par l'épais-
seur du cuir qui le couvre, qu'il peut porter
sur son dos une tour armée en guerre et
surchargée de plusieurs hommes , que seul
il fait mouvoir des machines et transporte
des fardeaux que six chevaux ne pourroient
remuer ; qu'à cette force prodigieuse il joint
encore le courage , la prudence, le sang-
froid , l'obéissance exacte ; qu'il conserve de
la modération , même dans ses passions les
plus vives ; qu'il est plus constant qu'im-
pétueux en amour ; que dans la colère il
ne méconnoît pas ses amis ; qu'il n'attrape
jamais que ceux qui l'ont offensé ; qu'il se
souvient des bienfaits aussi long-temps que
des injures ; que n'ayant nul goût pour la
chair et ne se nourrissant que de végétaux,
il n'est pas né l'ennemi des autres animaux;

qu'enfin il est aimé de tous, puisque tous le respectent et n'ont nulle raison de le craindre.

Aussi les Hommes ont-ils eu dans tous les temps pour ce grand, pour ce premier animal, une espèce de vénération ; les anciens le regardoient comme un prodige, un miracle de la nature, (et c'est en effet son dernier effort); ils lui ont attribué, sans hésiter, des qualités intellectuelles et des vertus morales. Pline, Œlien, Solin, Plutarque et d'autres auteurs plus modernes, n'ont pas craint de donner à ces animaux des mœurs raisonnées, une religion naturelle et innée, l'observance d'un culte, l'adoration quotidienne du soleil et de la lune, l'usage de l'ablution avant l'adoration, l'esprit de divination, la piété envers le ciel et pour leurs semblables qu'ils assistent à la mort, et qu'après leur décès ils arrosent de leurs larmes et recouvrent de terre etc. Les Indiens prévenus de l'idée de la métempsycose, sont encore persuadés aujourd'hui qu'un corps aussi majestueux que celui de l'Éléphant ne peut être animé que par l'ame d'un grand homme ou d'un roi. On respecte à Siam, à Laos, à Pegas les Éléphans blancs, comme mânes vivans des empereurs de l'Inde : ils ont chacun un palais , une maison composée d'un nombreux domestique , une vaiselle d'or , des mets choisies , des vêtemens magnifiques , et sont dispensés de tout travail, de toute obéissance, l'Empereur vivant est le seul devant lequel ils abaissent les genoux, et ce salut leur est rendu par le Monarque : cependant les attentions, les respects, les offrandes les flattent sans les corrompre, ils n'ont donc pas une ame humaine, cela seul devroit suffire pour le démontrer aux Indiens.

En écartant les fables de la crédule antiquité, en rejettant aussi les fictions puériles de la superstition toujours subsistante , il reste encore assez à l'Éléphant, aux yeux même du Philosophe, pour qu'il doive le regarder comme un être de la première distinction. Il est digne d'être connu, d'être observé , nous tâcherons donc d'en écrire l'histoire abrégée sans partialité, c'est-à-dire, sans admiration, ni mépris. Nous le considérons d'abord dans un état de nature lorsqu'il est indépendant et libre , et ensuite dans sa condition de servitude ou de domesticité, ou la volonté de son maître est en partie le mobile de la sienne.

Dans l'état de sauvage, l'Éléphant n'est
ni sanguinaire, ni féroce, il est d'un naturel
doux, et jamais il ne fait abus de ses armes
ou de sa force, il ne les emploie, il ne les
exerce que pour se défendre lui-même, ou
pour protéger ses semblables: il a les mœurs
sociales, on le voit rarement errant ou soli-
taire, il marche ordinairement en compagnie, le plus âgé conduit la troupe, le
second d'âge la fait aller et marche le dernier, les jeunes et les foibles sont au milieu
des autres; les mères portent leurs petits,
et les tiennent embrassés de leur trompe,
ils ne gardent cet ordre que dans les marches
périlleuses, lorsqu'ils vont paître sur des
terres cultivées; ils se promenent ou voya-
gent avec moins de précaution dans les
forêts et dans les solitudes, sans cependant
se séparer absolument ni même s'écarter
assez loin pour être hors de portée des secours
et des avertissemens, il y en a néanmoins
quelques uns qui s'égarent et qui traînent
après les autres, et ce sont les seuls que les
chasseurs vont attaquer, car il faudroit une
petite armée pour assaillir la troupe entière,
et l'on ne pourroit la vaincre sans perdre
beaucoup de monde; il seroit même dan-

gereux de leur faire la moindre injure, ils
vont droit à l'offenseur, et quoique la masse
de leur corps soit très-pesante, leur pas
est si grand qu'ils atteignent aisément
l'homme le plus léger à la course, le lan-
cent comme une pierre, et achèvent de le
tuer en le foulant aux pieds ; mais ce n'est
que lorsqu'ils sont provoqués, qu'ils font
ainsi mains basse sur les hommes, ils ne
font aucun mal à ceux qui ne le cherchent
pas ; cependant comme ils sont susceptibles
et délicats sur le fait des injures ; il est
bon d'éviter leur rencontre, et les voyageurs
qui fréquentent leurs pays allument de grands
feux la nuit, et battent de la caisse pour
les empêcher d'approcher. On prétend que
lorsqu'ils ont été une fois attaqués par les
hommes, ou qu'il sont tombés dans quelque
embûche, ils ne l'oublient jamais, et qu'ils
cherchent à ce venger en toute occasion ;
comme ils ont l'odorat excellent et peut-être
plus parfait qu'aucun des animaux, à cause
de la grande étendue de leur nez, l'odeur
de l'homme les frappe de très-loin, ils
pourroient aisément le suivre à la piste. Les
anciens ont écrit que les Éléphans arrachent
l'herbe des endroits où le chasseur a passé

et qu'ils se la donnent de main en main ;
pour que tous soient informés du passage
et de la marche de l'ennemi. Ces animaux
aiment le bord des fleuves, les profondes
vallées, les lieux ombragés et les terreins
humides, ils ne peuvent se passer d'eau,
et la troublent avant de la boire, ils en rem-
plissent souvent leur trompe, c'est pour la
porter à leur bouche ou seulement pour se
rafraîchir le nez, et s'amusent en la répan-
dant à flot ou l'aspergeant à la ronde ; ils
ne peuvent supporter le froid et souffrent
aussi de l'excès de la chaleur ; car pour
éviter la trop grande ardeur du soleil, ils
s'enferment autant qu'ils peuvent dans la
profondeur des forêts les plus sombres ; ils
se mettent aussi assez souvent dans l'eau,
le volume énorme de leur corps leur nui
moins qu'il ne les aide à nager, ils enfon-
cent moins dans l'eau que les autres animaux,
et d'ailleurs la longueur de leur trompe
qu'ils redressent à volonté, et par laquelle
ils respirent, leur ôte toute crainte d'être
submergés.

Leurs alimens sont des racines, des herbes,
des feuilles et du bois tendre, ils mangent
aussi des fruits et des épines ; mais ils dédai-

gnent la chair et le poisson. Lorsque l'un
d'entr'eux trouve quelque part un pâturage
abondant, il appelle les autres et les invite
à venir manger avec lui. Comme il leur faut
une grande quantité de fourrages, ils changent
souvent de lieu, et lorsqu'ils arrivent à des
terres ensemencées, ils y font un dégât pro-
digieux, leurs corps étant d'un poids énorme,
ils détruisent dix fois plus de plantes avec
leurs pieds, qu'ils n'en consomment pour leur
nourriture, laquelle peut monter *à cent
cinquante livres d'herbes* par jour, n'ari-
vant jamais qu'en nombre ils dévastent donc
une campagne en une heure. Aussi les Indiens
et les Negres cherchent tous les moyens de
prévenir leur visite et de les détourner, en
faisant de grands bruits, de grands feux
autour de leurs terres cultivées ; souvent,
malgré ces précautions, les Éléphans vien-
nent s'en emparer en chassant le bétail
domestique, font fuir les hommes, et quelquefois renversent de fond en comble leurs
mêmes habitations. Il est difficile de les épou-
vanter, et ils ne sont guère susceptibles de
crainte ; la seule chose qui les surprenne et
puisse les arrêter, sont les feux d'artifice,
les pétards qu'on leur lance, et dont l'effet

subit et promptement renouvellé les saisit,
et leur fait quelquefois rebrousser chemin.
On vient très-rarement à bout de les séparer
les uns des autres, et ordinairement ils prennent tous ensemble le même parti d'attaquer
indifféremment ou de fuir.

Lorsque les femelles entrent en chaleur,
ce grand attachement pour la société cède à
un sentiment plus vif; la troupe se sépare par
couples, que le désir avait soumis d'avance.
Ils se prennent par choix, se dérobent, et
dans leur marche, l'amour paroît les précéder
et la pudeur les suivre, car le mystère accom-
pagne leurs plaisirs. *On ne les a jamais vus
s'accoupler*, ils craignent sur-tout les regards
de leurs semblables, et connoissent peut-être
mieux que nous cette volupté pure de jouir
dans le silence, et de ne s'occuper que de
l'objet aimé. Ils cherchent les bois les plus
épais; ils gagnent les solitudes les plus profondes pour se livrer sans témoins, sans trouble
et sans réserve à toutes les impulsions de la
nature; elles sont d'autant plus vives et plus
durables, qu'elles sont plus rares et plus long-
temps attendues.

La femelle porte deux ans; lorsqu'elle est
pleine, le mâle s'en abstient, et ce n'est qu'à
la troisième année que renaît la saison des

amours. Ils ne produisent qu'un petit, lequel, au moment de sa naissance, a des dents, et est déjà plus gros que le sanglier. Cependant, les défenses ne sont pas encore apparentes ; elles commencent à percer peu de temps après, et à l'âge de six mois, elles sont de quelques pouces de longueur. L'Éléphant, à six mois, est déjà plus gros qu'un bœuf, et les défenses continuent de grandir et de croître jusqu'à l'âge avancé, pourvu que l'animal se porte bien et soit en liberté, car on n'imagine point à quel point l'esclavage et les alimens apprêtés, détériorent le tempéramment et changent les habitudes de l'Éléphant. On vient à bout de le dompter, de le soumettre, de l'instruire, et comme il est plus fort et plus intelligent qu'un autre, il sert plus à propos, plus purement et plus utilement ; mais le dégoût de sa situation lui reste au fond du cœur, car quoiqu'il ressente de temps en temps les plus vives atteintes de l'amour, il ne produit ni ne s'accouple dans l'état de domesticité. Sa passion restreinte dégénère en fureur, ne pouvant se satisfaire sans témoins. Il s'indigne, il s'irrite, il devient insensé, violent, et l'on a besoin des chaînes les plus fortes et d'entraves de toutes espèces pour arrêter ses mouvemens et briser sa

colère. Il diffère donc de tous les animaux
domestiques que l'homme traite ou manie
comme des êtres sans volonté ; il n'est pas
du nombre de ces esclaves-nés que nous pro-
pageons, mutilons, ou multiplions pour notre
utilité. Ici, l'individu seul est esclave, l'espèce
demeure indépendante, et refuse constam-
ment d'accroître au profit des tyrans. Cela
seul suppose dans l'Éléphant des sentimens
élevés au-dessus de la nature commune des
bêtes. Ressentir les ardeurs les plus vives, et
refuser en même-temps de se satisfaire ; entrer
en fureur d'amour et conserver sa pudeur,
sont peut-être les derniers efforts des vertus
humaines, et ne sont dans ce majestueux
animal que des actes ordinaires auxquels il
n'a jamais manqué. L'indignation de ne pou-
voir jamais s'accoupler sans témoins, plus
forte que la passion même, en suspend, en
détruit les effets, excite en même temps la
colère, et fait que, dans ces momens, il est
plus dangereux que tout autre animal in-
dompté.

Nous voudrions, s'il étoit possible, douter
de ce fait, mais les historiens, les voyageurs
assurent tous de concert que les Éléphans
n'ont jamais produit dans l'état de domesticité.

Les rois des Indes en nourrissent en grand

nombre ; et après avoir inutilement tenté de
les multiplier comme les autres animaux domestiques, ils ont pris le parti de séparer les
mâles des femelles, afin de rendre moins
fréquens les accès d'une douleur stérile, qu'ac-
compagne la fureur. Il n'y a donc aucun
Éléphant domestique qui n'ait été sauvage
auparavant, et la manière de les prendre,
de les dompter, de les soumettre, mérite une
attention particulière.

Au milieu des forêts et dans un lieu voisin
de ceux qu'ils fréquentent, on choisit un
espace qu'on environne d'une forte palissade :
les plus gros arbres de la forêt servent de
pieux principaux contre lesquels on attache
les traverses de charpente, qui soutiennent
les autres pieux; cette palissade est faite à
claire - voie, ensorte qu'un homme peut y
passer aisément ; on y laisse une autre grande
ouverture, par laquelle l'Éléphant peut entrer, et cette haie est surmontée d'une trape
suspendue, ou bien elle reçoit une barrière
qu'on ferme derrière lui. Pour l'attirer presque
dans cette enceinte, il faut l'aller chercher ;
on conduit une femelle en chaleur, et privée,
dans la forêt ; et lorsqu'on imagine être à la
portée de la faire entendre, son gouverneur
'oblige à faire le cri de l'amour ; le mâle

sauvage y répond à l'instant, et se met en marche pour la joindre ; on l'a fait marcher elle-même, en lui faisant de temps en temps répéter l'appel. Elle arrive la première à l'enceinte, où le mâle la suivant à la piste, entre par la même porte. Dès qu'il se voit enfermé, son ardeur s'évanouit, et lorsqu'il apperçoit les chasseurs, elle se change en fureur. On lui jette des cordes à nœuds coulans pour l'arrêter, on lui met des entraves aux jambes et à la trompe ; on amène deux ou trois Eléphans privés, et conduits par des hommes adroits ; on essaie de les attacher avec l'Eléphant sauvage ; enfin on vient à bout par adresse, par force, par tourment et par caresses de le dompter en peu de jours.

Nota. Le prix des Eléphans est plus considérable qu'on ne pourroit l'imaginer. On en a vu vendre depuis mille pagodes d'or, jusqu'à quinze mille roupies, c'est-à-dire, depuis neuf a dix mille livres jusqu'à trente six mille livres. *Notes de M. de Bras y.* On vend un Eléphant suivant sa taille. Un Eléphant de Ceylan, comme ceux qui sont aujourd'hui sous les yeux du public, si empressé pour les voir, vaut au moins huit mille *pardaons*, et quand il est fort grand, on le vend jusqu'à quinze mille *pardaons*.

Histoire de l'île de Ceylan, par *Ryheiro-Trévoux*, 1701, page 144.

Les Éléphans coûtent environ une demi-pistole, à nourrir, par jour. Relation d'un voyage par *Thevenot*, page 261. Ceux qui privés sont fort délicats en leur vivre ; il leur faut bailler du riz bien cuit et accomodé avec du beurre et du sucre, qu'on leur donne par grosses pelotes. Il leur faut bien cent livres de riz par jour, outre qu'il leur faut bailler des feuilles d'arbres, principalement de figuiers de l'Inde, que nous appelons *bananes*, et les Turcs *plantanes*, pour les rafraîchir. *Voyage de Peyrard*, tome II, page 367.

Voyez aussi les voyages de *la Boulaye-le-Coult*, Paris, 1657, page 260 ; et le recueil des voyages de la compagnie des Indes, de Hollande, tome I, page 473.

L'Éléphant lève un poids de deux cents livres sur sa trompe, et le charge sur ses épaules... Il prend dans sa trompe cent cinquante livres d'eau, qu'il jette en haut à la hauteur d'une pique. L'*Afrique de Marmol*, tome I, page 58. Lorsqu'on presse un Éléphant, il fera bien en un jour le chemin de six journées. L'*Afrique de Marmol*, tome I, p. 59.

F. I. N.